奇趣真相：自然科学大图鉴

海岸

[英]简·沃克◎著

[英]安·汤普森　贾斯汀·皮克　大卫·马歇尔　等◎绘

李紫焱◎译

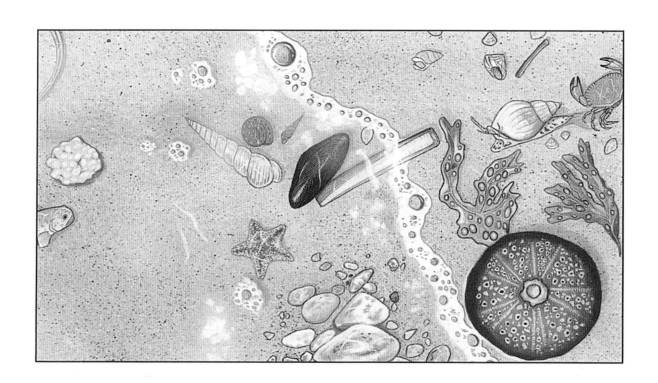

中国人口出版社
China Population Publishing House
全国百佳出版单位

前 言

海岸是许多植物和动物的家，它们有的藏身在湿润的沙土里，有的居住在悬崖峭壁的顶端，还有的隐藏在退潮后形成的岩池深处。通过阅读本书，我们将一起观察这些生活在海岸的生物，看看它们如何在海岸生活。你还可以根据本书的提示，做一些有趣的小实验，甚至尝试自己写海岸日记。你会发现很多关于海岸的奇趣真相，这不仅能增长你的见识，还会给你带来很多乐趣哟！

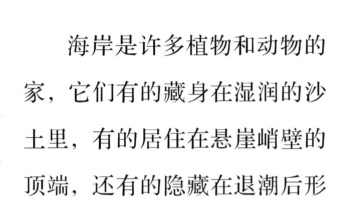

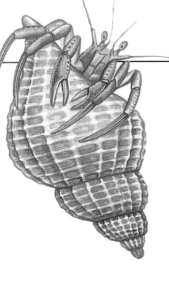

目 录

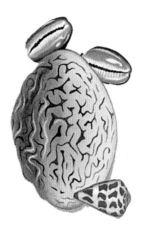

海岸

海岸是陆地与海洋接壤的地方。从全世界范围来看，海岸的形式多种多样，从沙滩到基岩海岸，再到滨海的陡峭悬崖，都可以称为"海岸"。几乎所有海岸都有一个共同点——从浅滩中的小鱼到岩池里的螃蟹，从沙石下的蠕虫和礁石边的海草，再到喧闹的海鸥，数不清的物种在海岸范围内共生共存、繁衍生息，呈现出一派欣欣向荣的景象。

潮汐

在一天之内，大多数海岸会分别经历涨潮和退潮。从全球范围来看，潮汐的表现形式各不相同。在某些海岸附近，涨潮气势非常磅礴，退潮时则露出大片沙滩或软泥；在另外一些滨海区域，如南太平洋的大溪地，潮水的涨落趋势却并不明显。

1

制作贝壳罐子

尽可能多地收集你能找到的不同贝壳。在玻璃罐的外表面涂满熟石膏，将贝壳轻轻按压在上面，然后等石膏变硬，最后再涂上清漆，贝壳罐子就完成啦！确保所有步骤都是垫在报纸上完成的，不然会弄得相当凌乱哟。你还可以用同样的方法做贝壳花盆或者贝壳小盒子。

海岸是游玩的好去处。冲浪爱好者在海上冲浪，渔民在沙子里挖蠕虫，孩子们在海里用桨划船，或是拿着网和桶寻找岩池动物。

不同的海岸

一些海岸被柔软的粉末状沙土或者粗糙的颗粒状沙土覆盖，其他海岸则被岩石和鹅卵石或者被称作"砾石"的小圆石覆盖。这些不同的海岸都因潮汐的作用而形成，强有力的海浪日复一日磨蚀着礁石和海崖，不断改变着海岸的面貌。

沙丘

海面的风掠过海滩，将沙子聚集成堆，形成沙丘。海风强劲的时候，大面积的沙丘迅速移动，能够淹没教堂甚至海边的整个村庄。

海浪的侵蚀能力非常强，甚至能够切下一截海崖，最终形成海蚀柱。

从岩石到沙子

当海浪冲击海岸时，海水裹挟着无数零星的小岩石和鹅卵石四处回旋，并一次又一次将它们抛回海岸。随着时间的推移，岩石和鹅卵石变得越来越小、越来越光滑，历经侵蚀的它们最终慢慢变成细小的沙粒。长此以往，泥沙淤积，海岸线开始退缩，沿岸的沙子沉积下来，形成了海滩。

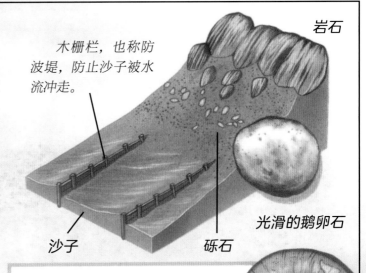

木栅栏，也称防波堤，防止沙子被水流冲走。

岩石

光滑的鹅卵石

沙子

砾石

岩层和化石

数百万年以来，无数动物和植物的遗骸沉积到海床的岩层中。随着越来越多的岩层不断堆积，动植物的遗骸不断被挤压，从而转化为岩石，并进一步形成化石。有些滨海化石形成于2亿年前，保存有当时世代的生物信息。化石通常发现于被称作"石灰岩"的岩石当中。

低海岸

潮水退去，低海岸显露出来，你会在沙滩表面和细沙下面发现很多不同的生物。虾虎鱼和尖嘴鱼等小鱼在沙池中游弋，螃蟹快速爬行觅食或把自己埋进阴凉潮湿的沙子里，海螺则在沿岸的泥沙或砾石中产下黄色的幼卵。

喉盘鱼

尖嘴鱼

海螺的幼卵

虾虎鱼

在细沙之下

许多生物生活在海滩的细沙之下。海蚯蚓看起来像蠕虫，它们躺在潮湿的沙子中，由生活在地下洞穴里的沙蚕演变而成。竹蛏用足部在沙子里打洞，几秒钟之内就可以消失在我们的视野之外。虾虎鱼生活在沙池中，用鳍把自己埋进沙子里。

世界上最小的螃蟹叫豆蟹，它的身体只有6毫米宽。

海蚯蚓

海螺壳

幼蟹

海胆的外壳

收集贝壳

退潮时，空贝壳会被冲到海岸上。在允许的情况下，你可以收集这些贝壳，并把它们带回家。找出空鞋盒，在里面铺上棉绒，然后把你收集到的贝壳铺在上面，展示给大家看。在每个贝壳旁边放一个标签，标明贝壳的名字以及你找到它们的日期和地点。

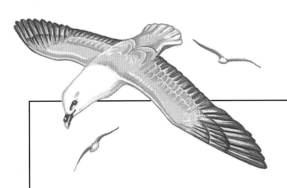

在岩池里面

退潮后，基岩海岸上会形成许多蓄满海水的岩池，这些岩池内有乾坤，非常值得探究一番。帽贝和蛾螺以小块海藻为食，转眼它们又成为海星和海螺等食肉动物的腹中美食。小型鱼类和螃蟹则捕食小虾和藏在海草中的其他小动物。

岩池猎手

在岩池深处，海蝎子和鲈鱼等猎食性鱼类潜伏着，等待机会捕食经过的任何小鱼。犬蛾螺在岩石上爬行，想要搜寻藤壶或者贻贝美餐一顿。海葵耐心等待着，期待将小虾和小鱼困在自己的触手中。

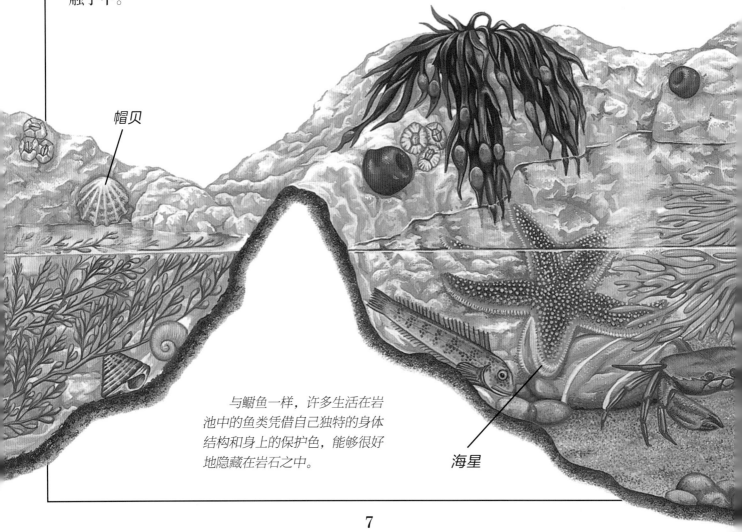

帽贝

与鳚鱼一样，许多生活在岩池中的鱼类凭借自己独特的身体结构和身上的保护色，能够很好地隐藏在岩石之中。

海星

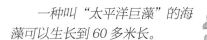

开展岩池调查

下次去海边玩耍的时候，可以尝试对生活在岩池中的生物做个小调查。首先画出岩池的轮廓草图，再仔细观察包括海藻在内的每个细节部分，找出生活在其中的动物和植物，并将你观察到的东西都画进你的岩池草图中。

藤壶

许多动物和植物共同生活在岩池之中，形成了一个完整的生物链，它们相依相存，从中获得食物并获取庇护。

墨角藻

藏身之所

我们经常可以在岩池中发现诸如墨角藻（见上图）之类的海藻，它们为小虾和对虾提供庇护场所，使其免于被饥肠辘辘的螃蟹和线鳚、海鳕鱼等猎食性鱼类捕获。

对虾

海葵

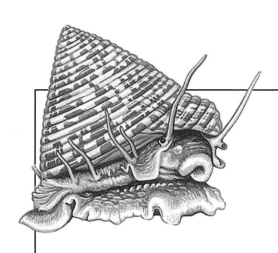

甲壳动物

许多生活在海岸的动物都有坚硬的外壳，以保护它们的软体不受海浪冲击、阳光直射和强风侵蚀。螃蟹、龙虾和对虾等动物都有一个坚硬的外壳和几对带有关节的足。大部分螃蟹和龙虾有5对足——其中4对用来移动和爬行，最前面的则被称为"螯"。螃蟹用它们的螯来保护自己，撕裂食物。

海蜗牛

许多生活在海岸的动物都与陆地蜗牛有关，比如海螺、玉黍螺（见下图）、马蹄螺（见上图）。它们和蜗牛一样，背部都有螺旋形的外壳，包裹着里面的软体。海蜗牛是一种神奇的腹足动物，它们在海浪和潮流的作用下过着漂浮的生活。

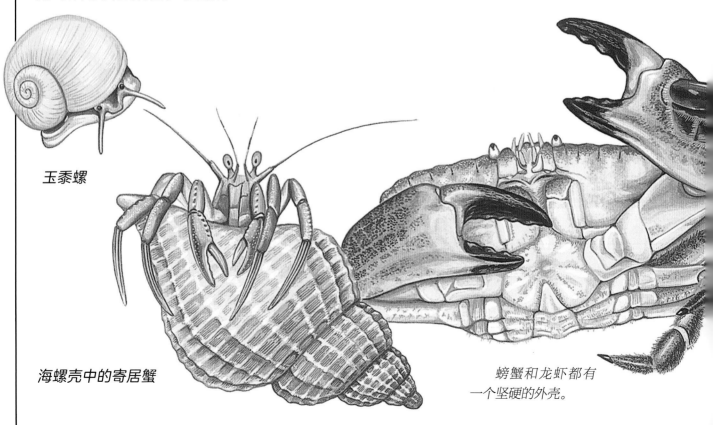

玉黍螺

海螺壳中的寄居蟹

螃蟹和龙虾都有一个坚硬的外壳。

铰接的贝壳

牡蛎、扇贝和竹蛏等动物生活在由两瓣壳组成的贝壳中，这两瓣壳通过蝶铰连接在一起，蝶铰由强大的闭壳肌组成。

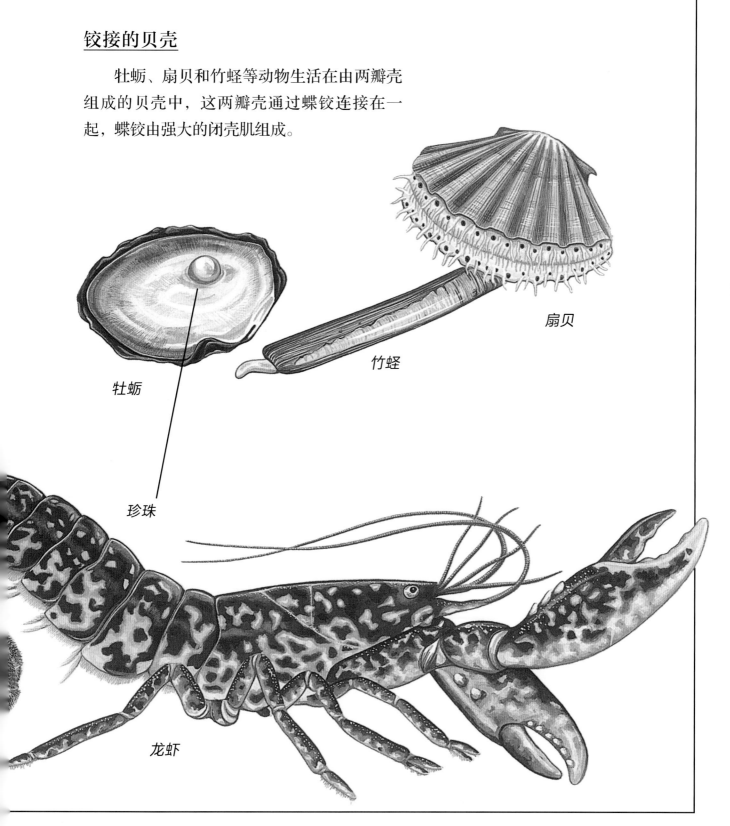

扇贝

竹蛏

牡蛎

珍珠

龙虾

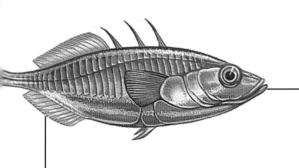

海岸鱼类

海岸鱼类生活在退潮后形成的岩池或浅水坑里，海浪会把这些鱼冲到岩石或沙滩上。喉盘鱼和圆鳍鱼长有光碟状的特殊吸盘，使它们吸附在岩石上。海岸鱼类面临的一大威胁来自觅食的猎手们，以小型鱼类为食的海鸥和鳗鱼时刻准备着狼吞虎咽一番。

鱼类的食物

棘鱼（见上图）、线鳚和海鳕鱼等小型鱼类以对虾和小虾为食。它们常常在岩池、浅滩区或退潮线附近搜寻食物。

鳚鱼藏在基岩海岸浅水区的岩石和海草下面。

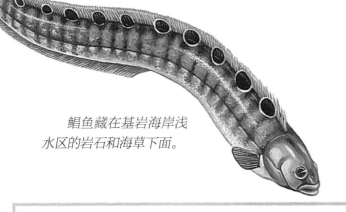

捉迷藏

制作一块彩色的背景板，然后放上用硬纸板做的鱼，你可以用这些材料来玩捉迷藏的手工游戏。首先用硬纸板裁剪出一些鱼的形状，然后给这些鱼涂上不同的颜色，再拿出4块硬纸板，并涂上和鱼的颜色相同或相近的颜色，作为背景板来使用。接着把这些鱼放到背景板中，看看你的朋友能否找到它们。谁能在最短的时间内找到最多的鱼，谁就是赢家！

鲂鱼

濑鱼

沙鳗

圆鳍鱼

喉盘鱼

比目鱼

比目鱼

鲂鱼、濑鱼和鲈鱼等大型鱼类通常生活在远海区域的深水区，但涨潮时，它们也有可能被海水带到海滨沿岸的浅水区域。鲽鱼和牙鲆等鱼类身形扁瘦，被统称为"比目鱼"。许多比目鱼的体表颜色相融于海床的环境，这能帮助它们躲过天敌的追捕，也让我们很难在退潮后的海岸上察觉到它们的存在。

海岸鸟类

在许多海岸的悬崖峭壁上，往往居住着数目繁多的鸟类，它们以家族为单位聚集在一起，形成规模庞大的群落。刀嘴海雀和三趾鸥在光秃秃的峭壁上产下它们的蛋。这些蛋呈梨状，可以避免沿着崖脊滚落下去。角嘴海雀则在悬崖顶部的松软土壤中挖地洞，以安置它们的蛋和幼鸟。

北极燕鸥

迁徙中的海鸟

每一年的夏季和冬季，北极燕鸥往返于它们在北方的栖息地和在南极的家，总飞行里程能达到 2.5 万千米。

刀嘴海雀和它的蛋

角嘴海雀

海滩上的鸟类

并不是所有海鸟都把蛋产在悬崖峭壁上。小燕鸥把蛋产在宁静的海滩或沙丘上，这些蛋以及刚刚孵化的幼鸟都带有斑点，斑点的颜色与沙子的颜色相近，因而能轻易融入环境中，起到保护作用。

管鼻鹱

黑头鸥

鸻

海鸠

特别的喙

海鸟的喙专门适应它们的食物。蛎鹬的喙又长又直，可以刺向沙子里的蛤蜊；长嘴鹬的喙是弯曲的，用于在浅水区扫荡；角嘴海雀的喙的边缘呈钩状或锯齿状，这样更方便捕获鱼类。

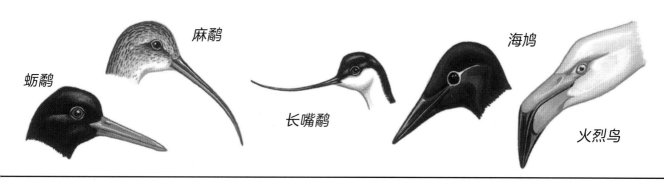

蛎鹬

麻鹬

长嘴鹬

海鸠

火烈鸟

海岸植物

海岸植物必须在强风、盐雾、松软沙壤等严峻环境中生存。滨海刺芹等植物的叶子是蜡质的，这样可以防止它们变干枯。在海崖顶部，海石竹和剪秋罗等繁密而小型的植物，将它们的根深深地扎进土壤里，从而避免被强风吹跑。

滨海条纹

有时，大量海草沿着海岸生长，绿、红或棕等不同颜色的海草分别聚集生长在一起，会形成界限分明却又蔚为壮观的滨海条纹。

海莴苣

海头红

海草

全世界的海岸上都生长着海草，和陆地植物不一样，它们可以直接从海水中获得营养物质，因此不需要生根。它们有个叫"固着器"的特殊组成部分，可以用来抓住岩石。一些海草（比如墨角藻，见第8页）的叶子上面长着气囊，可以帮助它们在水中保持直立。

从海藻中提取的一种叫"琼脂"的物质是制作冰激凌的原料之一。

在沙丘中

滨草和苔草等许多沙丘植物都有长长的、向外蔓延的根，这些根将它们固定在沙子中，还可以在干燥地表的深处汲取到水分。肾叶打碗花等色彩鲜艳的植物沿着地表生长，能够帮助保护沙丘，防止沙子被风吹走，从而抑制水土流失。

苔草

滨草

滨海刺芹

鹿角菜

叶片状海藻

吃海藻

海藻中富含维生素和一种叫作"碘"的矿物质，中国人和日本人常常把它们做成菜肴。海藻可以拌成沙拉生吃，也可以作为蔬菜烹饪。日本流行紫菜汤，而在英国威尔士，红藻被用来制作成一种叫"紫菜面包"的小点心。

16

热带海岸

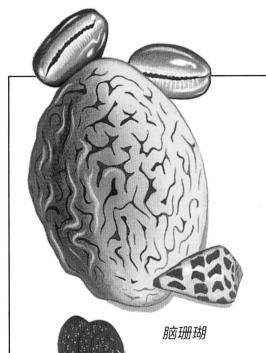

脑珊瑚

热带地区阳光明媚，海水温暖，海岸边成排的椰子树被强风吹成奇奇怪怪的形状。脑珊瑚、宝螺和花斑马蹄螺被冲到柔软、细腻的白色沙滩上。在有些热带海岸，招潮蟹和一种叫"弹涂鱼"的怪鱼栖息在红树林沼泽里，那里的泥土凉爽而湿润，它们在那里觅食和避暑。

珊瑚

在热带海域温暖的浅水区里可以找到珊瑚。珊瑚由数百万被称作"珊瑚虫"的微型生物的骨骸聚集而成，当成群的珊瑚虫死亡后，它们的遗骸堆积起来就形成了珊瑚礁。珊瑚礁为成千上万的鱼类、海星和海葵提供庇护的场所。

鲁滨孙漂流记

丹尼尔·笛福创作了《鲁滨孙漂流记》。书中讲述了一名水手因遭遇海难而漂流到一座荒岛上的故事。水手的名字叫鲁滨孙·克鲁索，他在荒岛上独自生活了20余年。一天，他在海滩边发现了另一个人的足迹。当鲁滨孙遇到那个人后，给他取名"星期五"。3年后，鲁滨孙·克鲁索和星期五终于被一艘路过的船只所救。

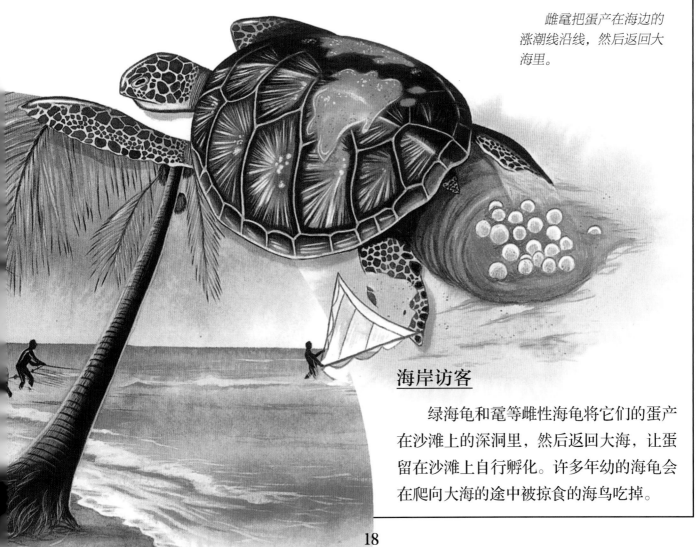

雌鼋把蛋产在海边的涨潮线沿线，然后返回大海里。

海岸访客

绿海龟和鼋等雌性海龟将它们的蛋产在沙滩上的深洞里，然后返回大海，让蛋留在沙滩上自行孵化。许多年幼的海龟会在爬向大海的途中被掠食的海鸟吃掉。

冰冻海岸

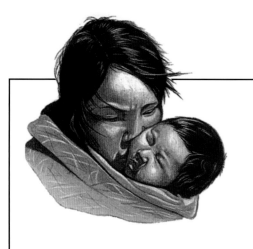

在以地球北极点为中心的极北地区，延展着北冰洋光秃秃的海岸。在这一地区，每年有 8~9 个月都是被冰雪覆盖的状态。在地球的另一端，广阔无垠的南极大陆则常年被大片冰层所覆盖，周围环绕着大海。

因纽特人

生活在北冰洋周围陆地上的人被称为因纽特人。从前，他们居住在用冰块建成的圆顶屋中；现在，他们生活在城镇或者小型定居点的现代化住宅中。

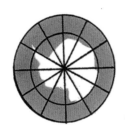

南极动物

南极气候十分寒冷，象海豹（见下图）和企鹅等动物身上都有一层厚厚的脂肪，帮助它们抵御严寒。企鹅不会飞，走在冰面上看起来笨笨的；当它们在海里游泳时，姿态优雅，速度也很快。帝企鹅是体形最大的企鹅，雌性帝企鹅产下蛋后，雄性帝企鹅站到成群的队伍中，将蛋捂在自己的脚上，使其保持温暖。长达 2 个月之后，帝企鹅的幼崽最终破壳而出。

雄性帝企鹅和幼崽

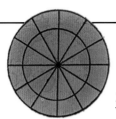

北极动物

北极熊大多数时间都在冰沿上捕食海豹。海豹晒太阳时，北极熊悄悄随行；海豹透过冰面的洞口呼吸时，也有可能被北极熊捕获。夏季，燕鸥、贼鸥和海鸥等数以百万计的海鸟飞回北极地区，沿着北冰洋的海岸筑巢，养育后代。

北极贼鸥

海象拖曳着自己的身体在冰面上行动，用长牙防御敌人，它那厚厚的脂肪层可以用来抵御严寒。

北极熊

著名探险家

极地地区曾经是人类未曾踏足和探索到的最后疆域。1774 年，詹姆斯·库克船长可能到达过南极。1911 年，挪威探险家罗尔德·阿蒙森成为抵达南极点的第一人。紧随其后抵达南极点的，是由船长罗伯特·福尔肯·斯科特所率领的英国探险队。

拯救海岸

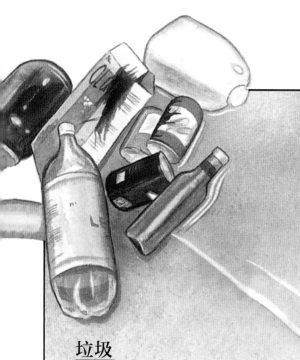

海岸不断遭受人类的破坏，同时也因海浪反复冲刷着礁石和海崖，它还遭受到自身的侵袭。对于海岸来说，最大的威胁仍然是人造污染物——化学物品、污水、石油和生活垃圾等倾倒进大海里，最终，这些污染物还是被海浪冲刷到海岸，导致无数海岸植物和动物死亡，严重破坏了海岸的生态。

垃圾

在大多数海岸上，你很容易就能找到空塑料瓶、生锈的易拉罐、橡胶轮胎和碎玻璃瓶等垃圾。我们必须清除这些垃圾，自觉做到不随意乱扔垃圾，这样才能使海岸恢复清洁。

油腻腻的海滩

1989年，埃克森·瓦尔迪兹号油轮在美国阿拉斯加州的海岸搁浅，泄漏了5000万升石油，导致数以百万计的鱼类和30多万只海鸟死亡。浮油毒死鱼类，使海鸟、海豹和海龟等动物窒息而死。救援人员只能勉强救助那些羽毛被石油粘住了的海鸟。

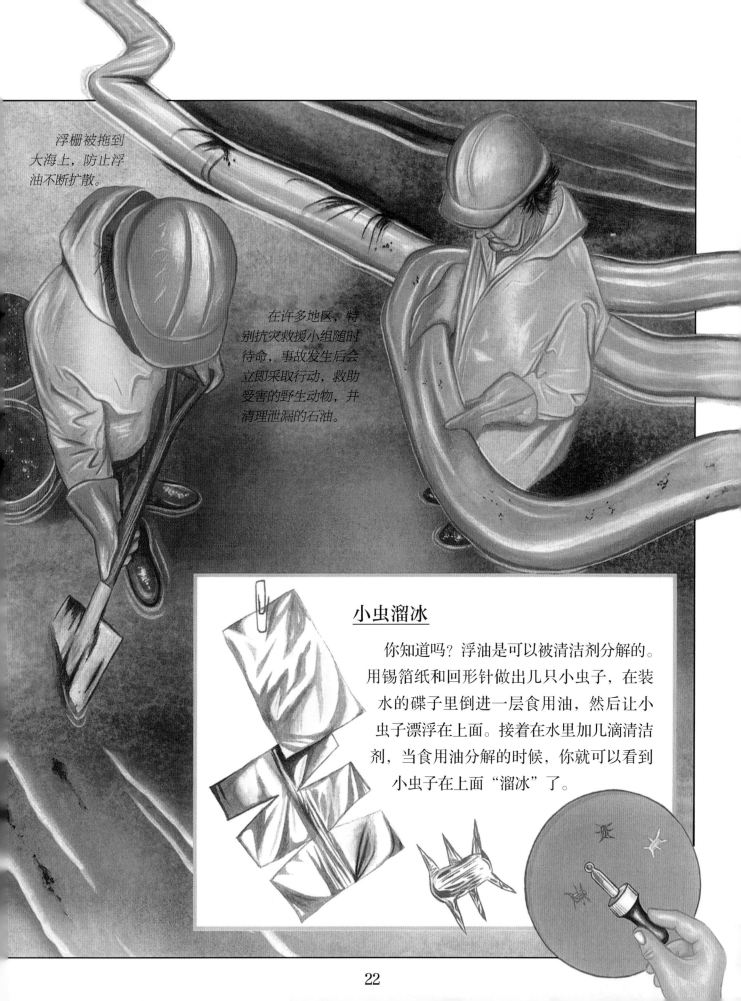

浮栅被拖到大海上，防止浮油不断扩散。

在许多地区，特别抗灾救援小组随时待命，事故发生后会立即采取行动，救助受害的野生动物，并清理泄漏的石油。

小虫溜冰

你知道吗？浮油是可以被清洁剂分解的。用锡箔纸和回形针做出几只小虫子，在装水的碟子里倒进一层食用油，然后让小虫子漂浮在上面。接着在水里加几滴清洁剂，当食用油分解的时候，你就可以看到小虫子在上面"溜冰"了。

海岸动物的分类

你知道海岸动物之间有怎样的联系吗？科学家把海岸动物分成了不同的类型，同一类型的海岸动物具有很高的相似性。螃蟹和龙虾属于同一类型，而海星和海胆属于另一类型。但有时候，同一类型的动物看起来也有很大差别。你相信贻贝和章鱼其实是属于同一类型的吗？

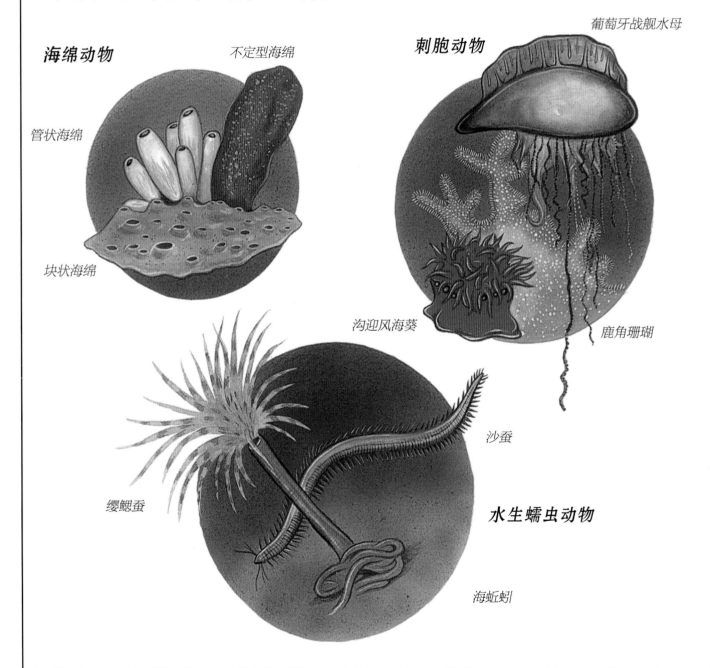

海绵动物

不定型海绵

管状海绵

块状海绵

刺胞动物

葡萄牙战舰水母

沟迎风海葵

鹿角珊瑚

缨鳃蚕

沙蚕

水生蠕虫动物

海蚯蚓

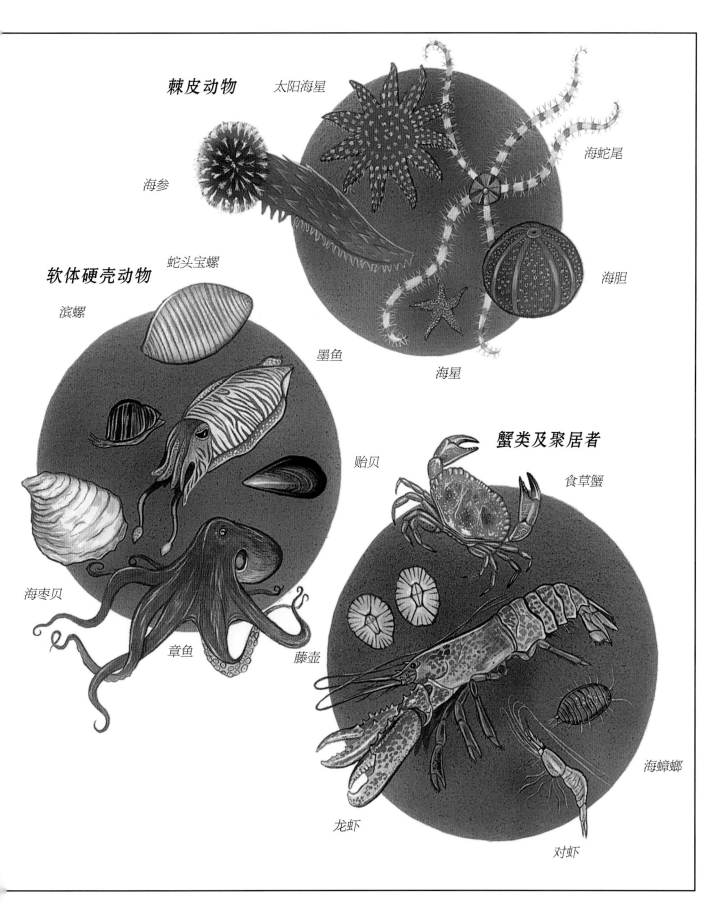

棘皮动物　太阳海星

海参

海蛇尾

海胆

海星

软体硬壳动物

蛇头宝螺

滨螺

墨鱼

贻贝

海枣贝

章鱼

藤壶

蟹类及聚居者

食草蟹

龙虾

对虾

海蟑螂

海岸日记

你可以创建自己的海岸日记，记录下见到的各种海岸动物和植物。在日记本中画下你找到的海岸生物，不要忘记给它们涂色哟。记录下你是在海岸的哪个位置找到它们的，如果你认识它们，也可以一起写下它们的名字。当然，如果你不知道的话，可以查阅参考资料找到它们的名字，或者直接让家长或老师告诉你。

海岸安全须知

海岸漂亮又迷人，但有时也会变得很危险。小心潮汐和巨浪！当你去海边玩耍时，一定要提前告诉家长。穿好鞋子保护自己的脚，防止被锋利的岩石或垃圾弄伤。小心不要被晒伤——不然在海边的好心情就要被破坏掉啦！

贝壳

当你在海边收集贝壳时，找找贝壳里面居住着哪些动物。这些贝壳有蝶铰吗，还是像蜗牛一样直接盘成螺旋状呢？

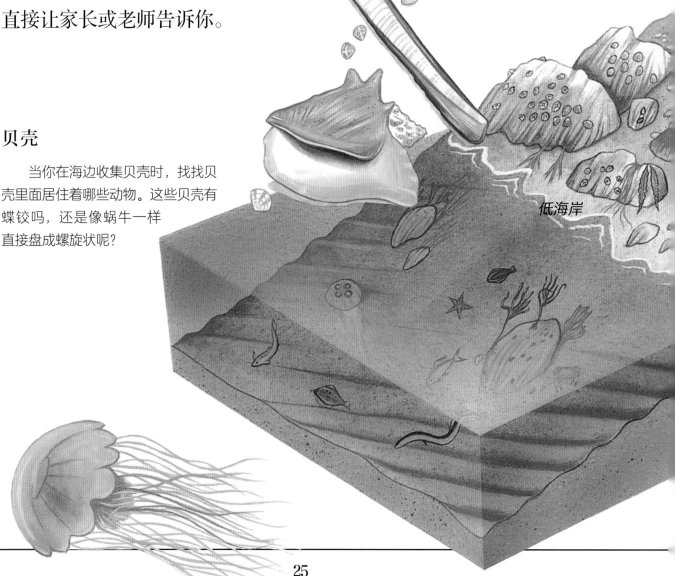

低海岸

潮汐

　　退潮后，用脚步丈量一下从水边到涨潮线之间的距离。在日记本上画出退潮线和涨潮线，试着区分一下海岸的不同区域。你会发现，不同类型的动物和植物都生长和活动在各自的区域范围内。按范围划分动物和植物，并把它们画进你的日记本中吧。

涨潮线

飞溅区

高海岸

中海岸

植物

　　试着晒干海草，并把它们放进你的日记本里。你能找到多少种不同的海草呢？它们是红色的、绿色的还是褐色的呢？它们的固着器又是什么形状的呢？画出你在沙滩或海崖边发现的植物的草图。记住，不要采摘花朵哟，毕竟它们可能是稀有品种。

在岩池中

　　用网兜轻轻地捞出岩池中的生物，并把它们放进装满海水的桶里。观察它们在桶里的样子和状态，观察结束之后，记得要小心地把它们放回原来的地方哟。

26

更多奇趣真相

海葵的触手底端有一圈蓝色的像珠子一样的小肉突，一共有 24 个。

漂泊信天翁是世界上最大的海鸟，翼展将近 4 米。

犬蛾螺的体表颜色会随着它们吃过的食物的颜色而改变。

食用蟹也被称为"派皮蟹"，因为它们的壳看起来像馅饼上面的油酥面团。

寄居蟹没有属于自己的硬壳来保护软体，所以它们寄居在其他海岸动物的空壳里。

海柠檬会产一长串的卵，卵的数量能达到 50 万颗之多。

术语汇编

比目鱼

一种生活在海洋中的硬骨鱼，两只眼睛都长在身体的同一侧，常被误认为是两条鱼并肩而行，故称比目鱼。

闭壳肌

又称肉柱，是贯通内脏和外膜而固着在贝壳内面的肌肉，可以收缩闭合，减少能量消耗，控制外壳内的水流出入。

大溪地

又名塔希提岛，位于南太平洋，四季如春，物产丰饶，是著名的游览胜地，被称为"最接近天堂的地方"。

鹅卵石

形状像鹅卵一样的光滑石头，是一种纯天然的石材。

蛾螺

一种大型螺类，螺内面光亮，外面有许多横纹。

海石竹

一种原产于欧洲和美洲的草本植物，小花聚生成密集的球状，丛生时可形成美丽的园林景观。

海蚀柱

海岸受海浪侵蚀后形成的与海岸分离的岩柱，在海蚀洞的基础上发展而来。

赫布里底群岛

苏格兰沿海的弧形岛屿，人烟稀少，景色优美。

喉盘鱼

一种硬骨鱼，身体光滑，没有鱼鳞，腹部有一个由腹鳍和肉褶构成的吸盘，可以固定身体，还可以留存水分，溶解氧气。

基岩海岸

由坚硬岩石组成的海岸，是海岸的主要类型之一。

清漆

一种透明涂料，涂到物体表面等干燥后会形成光滑薄膜，显示出物体表面原有的纹理。

沙蚕

俗称海虫，常栖息于潮间带的泥沙中，幼虫以浮游生物为食，成虫以腐殖质为食。

肾叶打碗花

一种生于海边沙地或者海岸岩石缝隙中的草本植物，茎秆脆嫩，叶片肥厚，气味纯正，牛、马和猪等家畜喜欢食用，晒干后可作为饲草。

生物链

又称食物链或营养链，是指生态系统中生物以其他生物为食所组成的锁链关系，这个关系一般由植物、草食性动物和肉食性动物组成。

石灰岩

一种沉积岩，在浅海环境下形成，是烧制石灰和水泥的主要原料。

藤壶

附着在海边岩石上的灰白色小动物，形状有点像马的牙齿，所以人们又叫它"马牙"。

退潮线

海水退潮时退到最远的那条线，即海洋的低潮线，又叫正常基线。

岩池

又称潮池，形成于海岸潮间带的低陷位置。涨潮时，海水会灌到里面；退潮后，残留的岩石和海水形成一个封闭的水池。

版权登记号：01-2020-4540

图书在版编目（CIP）数据

奇趣真相：自然科学大图鉴 . 3, 海岸 /（英）简·
沃克著；(英) 安·汤普森等绘；李紫焱译. —— 北京：
中国人口出版社，2020.12
　书名原文：Fantastic Facts About:The Seashore
　ISBN 978-7-5101-6448-4

　Ⅰ.①奇… Ⅱ.①简… ②安… ③李… Ⅲ.①自然科
学 – 少儿读物②海岸 – 少儿读物 Ⅳ.①N49
②P737.11–49

中国版本图书馆 CIP 数据核字 (2020) 第 159694 号

奇趣真相：自然科学大图鉴

QIQÜ ZHENXIANG：ZIRAN KEXUE DA TUJIAN

海岸

HAIAN

[英] 简·沃克◎著

[英] 安·汤普森　贾斯汀·皮克　大卫·马歇尔　等◎绘

李紫焱◎译

责 任 编 辑	杨秋奎
责 任 印 制	林　鑫　单爱军
装 帧 设 计	柯　桂
出 版 发 行	中国人口出版社
印　　　　刷	湖南天闻新华印务有限公司
开　　　　本	889 毫米 ×1194 毫米　　1/16
印　　　　张	16
字　　　　数	400 千字
版　　　　次	2020 年 12 月第 1 版
印　　　　次	2020 年 12 月第 1 次印刷
书　　　　号	ISBN 978-7-5101-6448-4
定　　　　价	132.00 元（全 8 册）

网　　　　址	www.rkcbs.com.cn
电 子 信 箱	rkcbs@126.com
总编室电话	（010）83519392
发行部电话	（010）83510481
传　　　　真	（010）83538190
地　　　　址	北京市西城区广安门南街 80 号中加大厦
邮 政 编 码	100054